PRODUCTS INSPIRED BY NATURE

仿生产品设计

善本出版有限公司 编著

U0247555

人 民 邮 电 出 版 社
北 京

图书在版编目（CIP）数据

仿生产品设计 / 善本出版有限公司编著. -- 北京：
人民邮电出版社，2020.7
ISBN 978-7-115-53596-2

Ⅰ．①仿… Ⅱ．①善… Ⅲ．①仿生－应用－产品设计
Ⅳ．①TB472

中国版本图书馆CIP数据核字(2020)第081931号

内 容 提 要

仿生设计是产品设计的一个重要方法。本书介绍了仿生学的起源、现状和发展趋势，并且从形态、肌理、功能三个方面入手，展示了大量仿生设计的经典案例。书中还收录了 8 位设计师的访谈，可以让读者更好地了解设计师的创作思路和创作过程，从而受到启发。

本书适合产品设计师和工业设计专业的师生阅读。

◆ 编　　著　善本出版有限公司
　　责任编辑　赵　迟
　　责任印制　马振武

◆ 人民邮电出版社出版发行　　北京市丰台区成寿寺路 11 号
　　邮编　100164　　电子邮件　315@ptpress.com.cn
　　网址　https://www.ptpress.com.cn
　　天津市豪迈印务有限公司印刷

◆ 开本：690×970　1/16
　　印张：12.75
　　字数：346 千字　　　　　　　2020 年 7 月第 1 版
　　印数：1 – 3 000 册　　　　　 2020 年 7 月天津第 1 次印刷

定价：89.00 元

读者服务热线：(010)81055410　印装质量热线：(010)81055316
反盗版热线：(010)81055315
广告经营许可证：京东工商广登字 20170147 号

This book is dedicated to nature,

the source of inspiration for all of its contents.

谨以本书献给自然——

书中所有内容的灵感源泉。

Carlos Jiménez Pérez

西班牙 photoAlquimia studio（工作室）联合创始人，
生物学家，设计师，自然摄影师

每一天我们都似乎更有理由
相信，受大自然启发的设计
是我们未来的设计。

前　言

什么样的灵感之源可以引领我们走向一个新时代——一个能设计出前所未有的、富有创意的产品的时代? 而这些产品可以改善人类的生活品质, 简约却不失精致优雅, 智能且尊重我们的地球。

答案很可能就在大自然中, 因为大自然是这个地球上的第一家设计工作室。经过几十亿年的演化, 大自然一直在进行设计, 并尝试改善许多问题的解决方法, 而其目标只有一个: 塑造和维持这个地球上的生命。地球的丰富多样性决定了它有着无限的、可以解决结构问题的方法, 尤其是在能源和功能方面, 所有方法都经过了数百万年的检验与改进。利用大自然这座宝库为我们提供的海量信息比毫无节制地利用它的全部资源要容易, 这似乎很合理。大自然的美丽存在于全人类的集体意识和无意识中, 且存在已久。在大自然中, 我们可以发现各式各样的图案以及各种形状、颜色和肌理的组合。这些令人惊叹的样本是设计师和艺术家们永不枯竭的灵感源泉。

仿生学 (Biomimicry), 是一个新兴的研究领域, 同时又是一门古老的学科。人们以大自然的智慧作为灵感或模仿的来源, 以解决一些人类的问题，而这些问题大自然在数千年前就已经解决了。在产品设计中，仿生是一种强大的方法，它找到了一个不竭的灵感源泉，这一源泉只受生命本身的限制。仿生产品试图模仿生物体的形状、质感和功能，以达到最佳的设计效果。生物体随着物质和能量的闭合循环进入大自然的生态系统中，而这些闭合循环又依次进入更大的地球系统中，构成生物圈。在大自然中，废物被转化成原材料以实现再次利用，而太阳作为能量来源是干净且取之不尽的。更深层次的仿生，不管是从生态系统的功能还是生态系统之间的联系中汲取灵感，对其他领域都是十分有用的，如经济、政治或哲学。而通过仿生理解生命的基本准则对生产系统的构建十分关键，这使生产系统与生态系统和谐统一。

现在······

人们可能会认为仿生是近些年才兴起的一股产品设计潮流。事实上，自人类起源以来，我们就离不开大自然；而且为了确保人类的生存和进化，我们一直需要观察自然、了解自然。另外，早期人类的大部分知识都是从对大自然的观察和模仿中获取的。几千年来，人们一直将仿生应用到生活中。自工业革命以来，在人类社会的飞速发展中，仿生仿佛陷入了沉睡。随着经济增长与技术进步，人口数量呈爆炸式增长，土地资源不断被开发利用，人们的生活方式与大自然的循环系统之间出现了越来越多的矛盾。我们正面对一场生态危机，社会的发展步步逼近生态系统的容忍极限。

幸运的是，无论是在认知层面还是哲学层面上，人类也似乎到了一个拐点。对人类与大自然的关系，我们的思想正悄然发生变化。我们继续前进，把大自然作为智慧的来源和未来的担保人。今天，仿生逐渐得到大家的认可。越来越多的工程师、设计师和建筑师受自然的启发，正在努力通过设计改善人类的生活品质和地球的环境。

未来······

这本书中的设计作品有的是在形态、肌理或功能上直接模仿大自然的，也有的是受大自然的启发而创作的。仿生产品设计正向世界传递一种崭新的、极富革命性的思考方式，在不久的将来，它将会让生产系统向更可持续的方向转变，且与人类生活更和谐。那些能够启发我们的自然中的设计，虽然它们在几千年前就被创造出来，但在今天看来，它们仍然是优雅、现代、创新、经典和超越潮流的。

感谢我们现在所处的通信时代，知识领域的高度专业化为参加复杂的设计项目的专家们构建了一个全球性网络。在仿生领域里，相关的设计项目已经有一个全球性的联系网络。我们希望开启一个可持续的时代，这就是为什么仿生成为了产品设计、工程、建筑和艺术中彻底革新的方法。

在本书中，你可以欣赏到来自世界各地的设计师的众多作品，这些设计师都已经意识到或者说确信，未来仿生的再次演化非常重要，这是可持续发展的关键。我们仍然需要不断向大自然学习，包括运用新的形态、材料和功能，开发关于物质和能量的闭合循环系统，保证无废料产生，使用优质的原材料。所有这些都能让我们有更深刻的认识，设计出令人惊叹、超越想象的作品。

每一天我们都似乎更有理由相信，受大自然启发的设计是我们未来的设计。

目录

形态

肌理

功能

形 态

仿生设计能够赋予产品生命、趣味、功能，其
形态是人们经过长期的观察、学习、积累，并
结合产品的用途和审美需求而创造的结果。

本章呈现的产品形态在设计
构思上分两种：一是在大自然
中寻找和发现与产品本身需
求相对应之物；二是受自然的
启示，从自然中提炼造型。

根据自然形态设计出来的
产品造型活泼生动，能够给
生活带来无限的美好体验。

Soytun 鱼骨状瓷具

工作室　photoAlquimia
设计师　Carlos Jiménez, Pilar Balsalobre

Soytun 是一款盛放酱油和芥末的瓷具，两边伸出的结构可供放置筷子。该产品的造型设计灵感来源于鱼类骨头的形状。

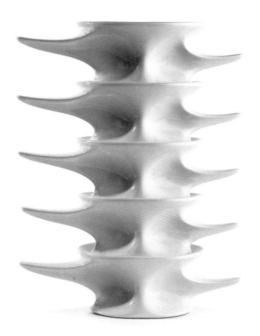

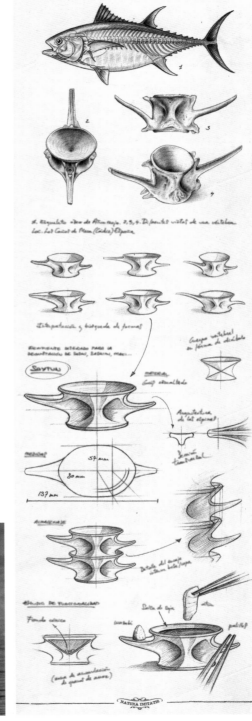

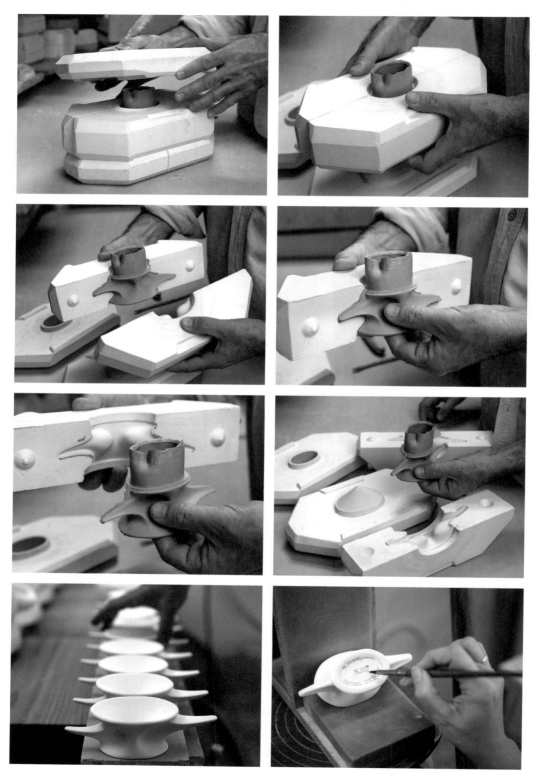

1. 请问您如何看待仿生与产品设计之间的关系？

>> 我们工作室的很多设计项目都开始利用仿生学原理来展现自然，以及人与自然的关系。我们在仿生学背景下，开启了一个名为 NATURA IMITATIS 的仿生产品设计系列。作品 Soytun 就是这个系列中的作品。我们深信，在开发产品的功能、美学和可持续性方面，仿生是一个有着无限潜能的工具。令人高兴的是，我们每天都能看到越来越多的人理解并欣赏仿生设计。

2. 在创作过程中，您最看重什么？又是如何运用它的呢？

>> 在创作过程中，我们最看重的是对项目的热情和在开始设计新产品时的兴奋状态，因为这是一个充满惊喜的冒险之旅。对于我们工作室来说，仿生学、传统、艺术、工艺和新技术为我们对作品的构想提供了最基本的养分。经过漫长而艰难的简化过程，我们的产品设计变得简约，然而它有着自己独特的故事，能够引发使用者的思考。

3. 这次项目中最有趣的经历是什么？

>> 不久之前，我们参与了一个与大海相关的项目。我们在西班牙南部的海滩散步，收集和研究被海浪冲到海岸上的物体。我们发现了一个巨型鱼骨，它的形状吸引了我们。我们觉得这是大自然伟大的作品，就这样新的设计灵感随之而来。我们不确定这是一次偶然的发现还是来自大海的礼物。因此，Soytun 瓷具附送了一个特别的小册子，叫"大海的礼物"，里面记载了产品设计的灵感故事和手工制作过程。

Biophilia 植物生长花瓶

工作室 Stoft

Biophilia 由四个器皿组成，象征植物的四个生长阶段。石碗是孕育生命的保护
体；而被石碗包围的瓷瓶和陶器代表植物的萌芽、生长，最终形成躯干的阶段；
最顶端的小陶器代表着种子，也可独立作为小花瓶。

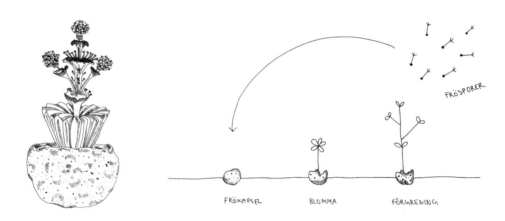

FRÖSPORER

FRÖKAPSEL   BLOMMA   FÖRGRENING

1. 您常常从大自然中获取灵感吗？

>> 是的，我们相信在大自然的塑造和形成过程中可以得到很多启示。大自然的形成经历了一个漫长的过程，万物自然演化，而不是遵循任何特定的规则。在这个项目中，我们试着遵循这种思维方式，让产品在整个设计过程中自然成形。

2. 该作品由四个器皿组成，层次分明，您是怎样想到运用这四个不同的器皿来表现您的想法的？在材料选择上有什么特别的考虑吗？

>> 这个作品的灵感来自植物生长过程的不同阶段，从植物的心皮、根茎、花到孢子，因此，这四个器皿是很自然的结果。材料的选择也是为了表现这个灵感，例如粗糙的石器代表心皮，薄薄的瓷器代表花朵。

3. 该设计是大量生产还是定制生产？

>> 该系列石器、瓷器和陶器都是当地手工制作的，但也可以大量生产。

4. 最终的成品符合最初的预期吗？您觉得这次项目最有意义的地方在哪里？

>> 成品也是过程的一部分，所以我们一开始就没有期待任何特定的结果，不过我们还是对最终完成的产品很满意。最有意义的地方是让材料成为设计不可分割的一部分并凸显它们的视觉和触觉效果。

5. 这次项目中最有趣的经历是什么？

>> 该项目是由 Jenny Nordberg 发起的"新地图"展览的一部分。这个项目通过安排 24 位设计师和 24 家制造商的合作，来说明瑞典南部的生产业仍有开发和提升的空间。该项目的重点是让设计师有机会和条件参与其中，让设计师在经济得到保障的条件下进行创作。

Nautilus 鹦鹉螺咖啡桌

工作室　Marc Fish

该产品的最初版本是为沿海地区家庭设计的一款实验性咖啡桌，其灵感源于切开的鹦鹉螺贝壳。设计师把 4000 片胡桃木和西克莫单板条变成 10 毫米厚的对数螺旋线。为了模仿到位，贝壳外部的花纹凹槽由设计师纯手工雕刻，贝壳内部则运用了日本花边纸。

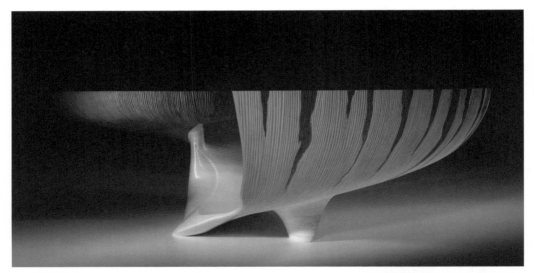

1. 当您选择材料和技术时会考虑什么因素？

>> 我们没有任何预先考虑，这个产品是独一无二的，目前还
没有人用木材做出这样的形状来。我们选择了木材，因为它
跟贝壳的颜色和质感最为接近。我们还研发了一种由日本手
工纸制成的特别的材料，用于制作桌子内部的隔层。

2. 谈谈您对仿生设计的看法吧。

>> 这是我们设计理念的核心。我们总是从自然中获取灵感，
所以我们的作品看起来很自然，不像是人工制造的。大自然
丰富的多样性带给了设计师永不枯竭的灵感。

3. 这次创作中最难忘的事情是什么？

>> 我们最难忘的事情是把花了两周时间完成的第一个作品
丢进了垃圾箱。我们必须尝试新事物，而不局限于眼前的东
西。这可能是相当浪费资源和劳动成本的做法，但我认为这
一切都是值得的。

Titobowl 多功能容器

工作室　photoAlquimia
设计师　Carlos Jiménez, Pilar Balsalobre

Titobowl 是一个可以装各种小食品的容器，比如橄榄。中间形
似橄榄核的容器可以用来装橄榄核，它的盖子倒置后可用作牙
签盒。每个用粗陶和橄榄木做成的 Titobowl 都有手工画上的标
志和编码。

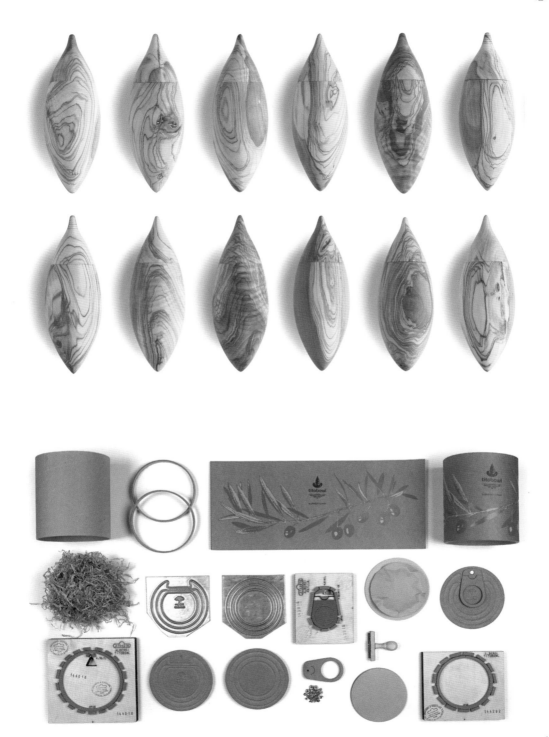

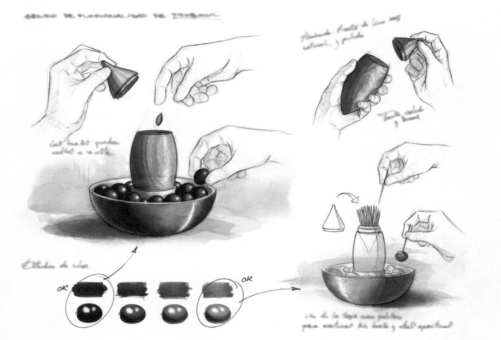

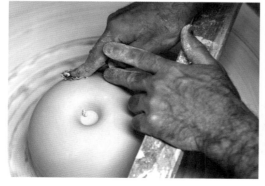

Ajorí 大蒜形调料瓶

工作室 　photoAlquimia
设计师 　Carlos Jiménez, Pilar Balsalobre

Ajorí调料瓶的设计灵感来自大蒜的形态，这一设计给厨房的存放收纳提供了充满创意的解决方案。其六个容器可盛放不同的调料，同时适合不同国家和地区的烹饪习惯。此产品是使用天然材料，通过工业化生产和手工艺结合制成的，是一款环保型产品。

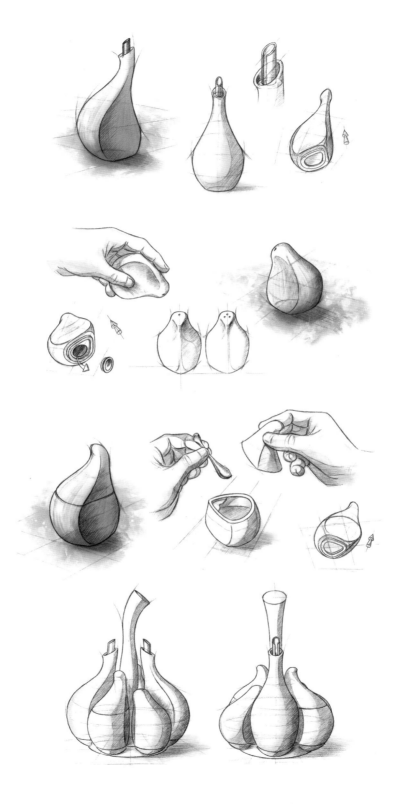

心脏造型红酒瓶

工作室 Kosmos Project
设计师 Ewa Bochen, Maciej Jelski

这是一款心脏造型的红酒瓶，体现了设计师对现代人的精神状态的反思。这款红酒瓶由玻璃工艺大师用硼硅酸盐玻璃手工制作而成，每一个瓶子都是独一无二的。

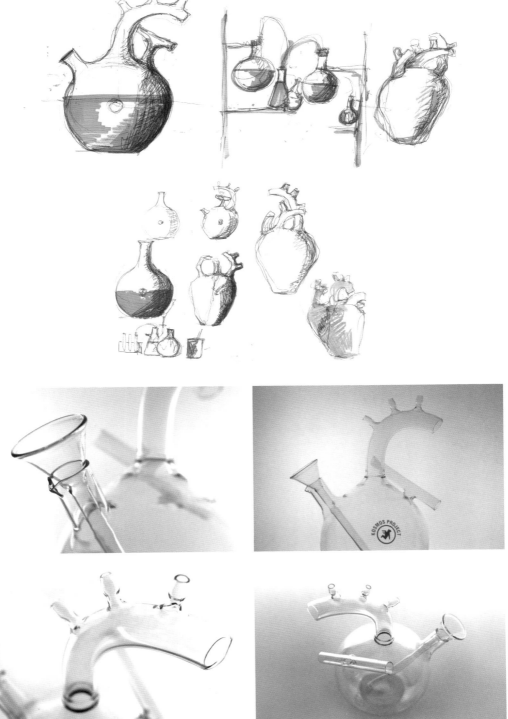

洋葱花瓶

工作室　AMAI designlab

洋葱花瓶的灵感源于设计师对球根状植物的观察。这些
手绘陶瓷花瓶参考了不同形状和尺寸的洋葱,形态各异,
显示出了一种生命力。

柑橘陶碗

工作室　nendo

这款形似柑橘的陶碗上了一层光滑的釉，独特的黑色调是 Satsuma 陶器的典型特征，由黏土和釉所含的铁元素形成。具有光泽的内壁模仿水果的饱满汁液，外面的磨砂质感则模仿水果表皮。此外，凹凸不平的内壁从不同角度看会有不同的光泽变化。

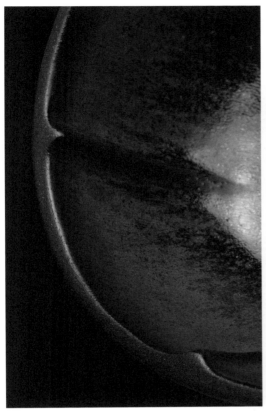

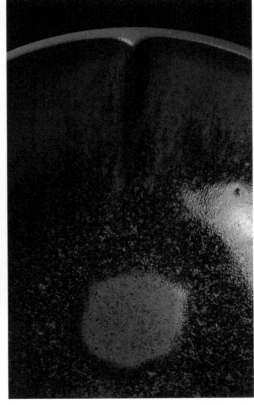

无等山佐料瓶和花瓶

工作室　NOTHING DESIGN GROUP

这组佐料瓶和花瓶模仿了韩国无等山的天然柱状形态。多个花瓶的高度各不相同，使用者可以按照个人品位自由组合。

云海

工作室 NOTHING DESIGN GROUP

这款设计作品的灵感来自韩国无等山的云海景色。该作品一黑一白，本身
已是一件极富装饰性的艺术品，同时，它又可以用作镇纸和餐具架。

"动物在哪里" 瓷杯

工作室　imm Living
设计师　Ange-line Tetrault

这一系列瓷杯特别有意思。当茶水差不多喝完时，藏在水下面的小动物就会显现出来。杯中的小动物分别是狐狸、猫头鹰和熊。

羊角杯

工作室　Desnahemisfera
设计师　Damir Islamović, Klemen Smrtnik, Dejan Kos

这款咖啡杯提倡重复使用，传播环保理念。独特的羊角杯造型呼应了咖啡的起源。（传说当初牧童发现羊吃了地上的野果子后变得非常兴奋，从而发现了咖啡豆。）可移动的防烫皮革套亦可当杯托使用。

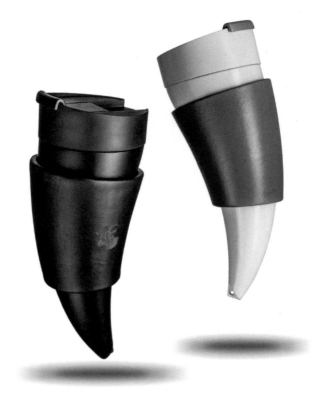

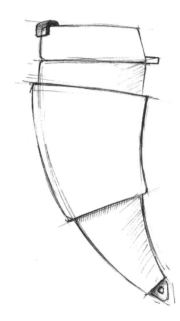

苹果树吊灯

工作室 Ayaskan

这款苹果树吊灯是为一家牙医诊所设计的，与诊所外的花园有着呼应效果。这一设计的灵感来自谚语"一日一苹果，医生远离我"。吊灯由 55 个内嵌 LED 灯泡的苹果形玻璃灯罩组成，搭配着一片片不锈钢叶子。

鹦鹉螺吊灯

设计师　Rebecca Asquith

这款吊灯模仿了鹦鹉螺的形态，当打开灯时，灯光透过层层木条，在室内空间投射出温暖而微妙的图案。吊灯由欧式胶合板、不锈钢十字叉、螺丝钉和塑料铆钉做成，木条的切割较为精细，它们可以紧紧套在一起，减少了材料的浪费。

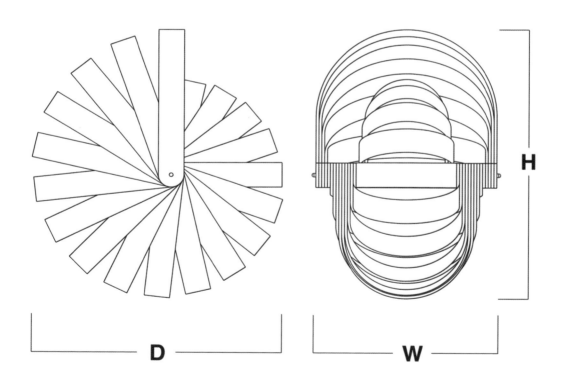

小：H 420mm，W 325mm，D 370mm

中：H 505mm，W 375mm，D 440mm

ADAPT 扭扭灯

设计师　Christian Sjöström

设计师意在打造一款便于安装、富于变化的室内地板灯。ADAPT 的灵感来自能够随意扭动身体的蠕虫。灯具材料本身的特性使其极具装饰性。这款"爬行"的灯在功能、形态和材料之间实现了最大的平衡。

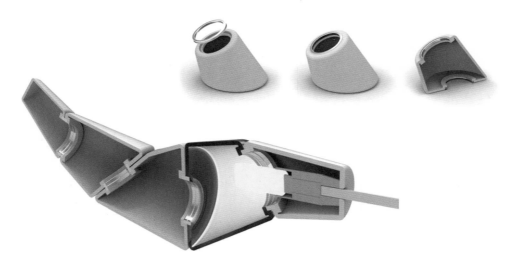

猴子灯

设计师　Marcantonio Raimondi Malerba

这一系列猴子造型的灯用树脂材料手工制成，设计师塑造了三种姿势的猴子，它们似乎要用手中的灯探索周边的环境。与设计师的其他作品一样，猴子灯的灵感来自人与自然的关系，设计师希望得到一个简单幽默的效果。

橡果灯

工作室　Mater Design

这一系列吊灯有三种尺寸,其灵感来自可爱的橡果形状,
材料包括乳白色的口吹玻璃和芬兰赤杨木。

蜂巢吊灯

设计师 Margaret Barry

这款六角形蜂巢格子灯是关于几何学和视错觉的一个探索。轻微的角度差让蜂巢格子聚合嵌入一个曲面，使似乎不可能的几何结构变得完全可以实现。桃花心木做成的格子向外透着光，外壳的间隙让人对其内部结构感到好奇。通过调节光度，用户可以体验到各种不同的视觉效果。

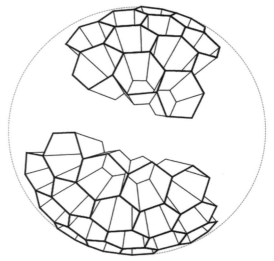

章鱼吊灯

设计师 Adam Wallacavage

多年前，设计师就开始尝试为自己的餐厅设计吊灯，配合居室的维多利亚风格，吊灯的设计灵感取自经典小说《海底两万里》。为了制作章鱼吊灯，设计师学习了传统的石膏装饰工艺，包括用环氧黏土和树脂进行铸造和手工雕刻。在接下来的几年中，他在形式、色彩和技术方面努力探索，研发出了自己独特的釉料和色调。

珊瑚吊灯

工作室 David Trubridge Studio

这款吊灯的结构基于一个几何多面体。其复杂的形态其实是由扩展了 60 倍的单一元素组成的。抱着物有所用的心态，设计师为这个本来只是纯粹以实验为目的的设计装上了灯泡，就得到了现在这款珊瑚吊灯。

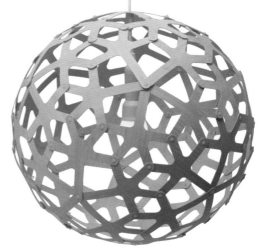

虾体吊灯

工作室　David Trubridge Studio

这款吊灯的设计灵感来自编织篮子和新西兰淡水虾 Kōura 的卷曲形态。

海胆吊灯

工作室　David Trubridge Studio

这款吊灯的设计参考了一种咸水海胆的外形。

At Your Command 人形灯

设计师　Daniel Loves Objects

这款人形灯的关节可灵活扭动，从而摆出各种姿势。设计师鼓励使用者发挥想象力，大胆挑战了传统的灯具概念。外层镀金给设计增添了一分精致感。灯的高度有两种：0.8 米和 1.7 米（直立）。

Swarm 蜜蜂灯

工作室　Jangir Madaddi Design Bureau

Swarm 蜜蜂灯的亮点在于它精准捕捉了飞行中的蜂群的状态，并且自然组合了三种简单材料：玻璃、木材和金属。灯泡里缠绕的灯丝连接着具有斯堪的纳维亚风格的木制灯身。每盏灯的角度可随意调整。

仙人掌台灯

设计师 Luca Pupulin

设计师想通过新型材料和技术——烧结聚酰胺和 3D 打印，深入探讨复杂的植物造型。这款灯的灵感来自肉质仙人掌独特的形态。该产品可以拆分为两盏独立的小灯，既适用于居家环境，也适用于公共场所。

Insight 大脑台灯

工作室　Solovyovdesign
设计师　Maria and Igor Solovyov

在漫画和大众意象中，发光的灯泡表示想到了一个好主意。设计师正是用这个概念带出了这项幽默的设计，并融合了完美的工艺和 LED 技术。

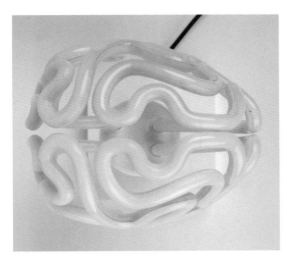

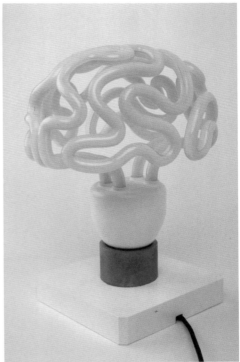

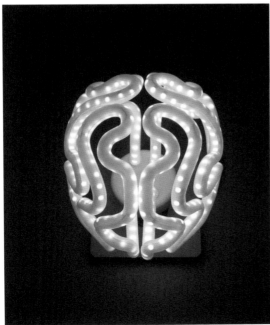

雨灯

工作室　Richard Clarkson Studio

这款透明球体灯的顶部是一个内置的微型蠕动泵和一个 LED 灯泡，下面是经过氯化的水。泵把水抽上来，然后使水滴流到灯泡上。当水滴滴落到下面的水池中的时候，灯光便会照射在荡起涟漪的水面上。球体有放大镜的作用，当球体灯的光投射在地面上时，光晕中可以映射出水面上的涟漪，同时光晕的周围会出现一圈彩虹。

Scarabeo 甲虫灯

设计师　Francesca Barchiesi

Scarabeo 是意大利语，指甲虫，主要是像日本甲虫或金甲虫这种会发光的
昆虫。这款甲虫陶瓷灯结合了量产和手工制作，每一件产品都独一无二。
产品从模具中出来以后，初始外形和纹理就已印到软陶土上，最后设计师
会将其切割出想要的形状，所以每一只"甲虫"都是不一样的。

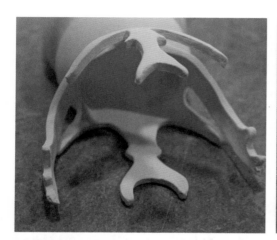
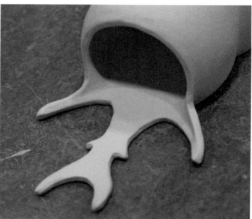

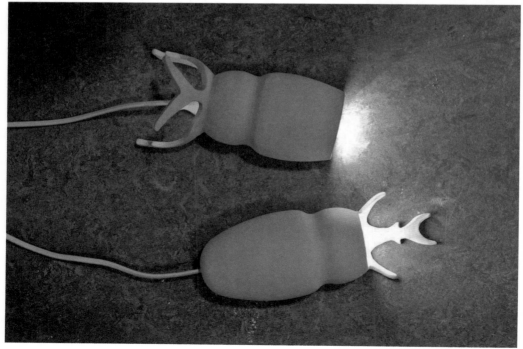

迷你云吊灯

工作室 Richard Clarkson Studio

这款吊灯可以单独或组合使用。它有一个 LED 蓝牙感应音响，具备两种模式：情景光模式和可以让用户同时体验所有功能的演示模式。

鲨鱼灯

工作室　Mukomelov Studio
设计师　Aleksandr Mukomelov, Elena Mukomelova

鲨鱼会吓跑它周边的其他生物，而这个鲨鱼灯只会吓跑黑暗。这是一款富有表现力的室内及室外装饰灯，能有效地照亮周边的区域。

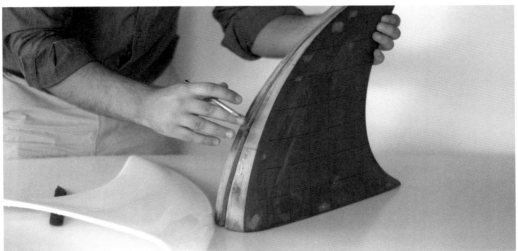

竹荪灯

设计师 Damien Gernay

这一系列灯具包括台灯、落地灯和吊灯，其设计灵感来自竹荪。产品制造采用了脱蜡铸造工艺和手工雕刻，先做陶模，然后用铜浇铸。每一件产品的造型都独一无二。

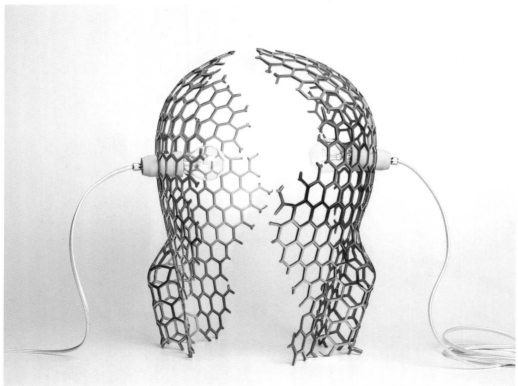

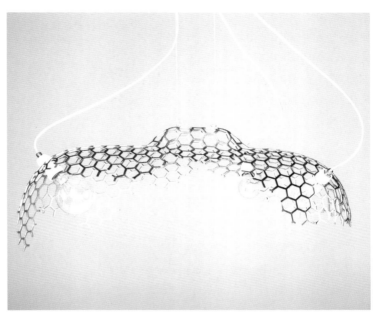

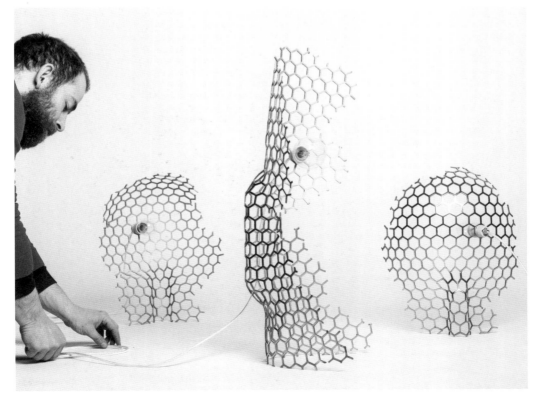

SOULeaf 树叶吊灯

工作室　ilsangisang
设计师　Jong su Kim

这一系列树叶吊灯有着独特的质感，上面清晰的树叶脉络是通过丝网印刷印在环保纸上的。打开灯后，隐藏在树叶里的青蛙、蝴蝶和蜻蜓也显现出了它们的轮廓。

花朵吊灯

设计师 Laszlo Tompa

这些樱桃木吊灯的造型基于五角锥和六角锥结构，周围配以不同的几何形装饰。这一设计是设计师多年来几何实验的结果。由于建构的独特性，这些吊灯形成了不同的花的形状。

I Got Brain 人头烛台

工作室　Brainfart55
设计师　Bao

这款趣味十足的烛台能放置直径达 4 厘米的蜡烛。烛台的上下两部分和配置的大脑形蜡烛能够自由组合使用。只要把盖子合上，蜡烛就会熄灭，人头烛台的眼睛里便会冒出诡异的烟来。

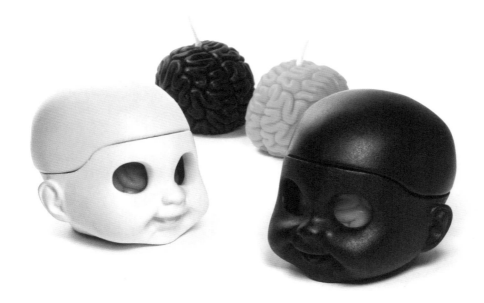

动物系列家具

工作室　ibride
设计师　Benoit Convers

本设计旨在增强消费者与家具之间的情感，在自然、艺术、工艺和情感之间达到一种平衡。该系列设计包括十二种不同形态的家具，如熊形书架 JOE、鸵鸟形置物台 DIVA 和鹅形灯 JUNON。

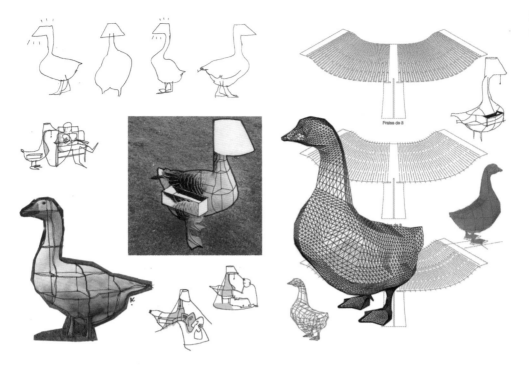

骷髅头座椅

工作室　Chic Sin Design

这款座椅的设计源于设计师对人体结构的痴迷，有着极强表现力的头骨成了这次设计的主题。可打开的上颌可作为椅子的靠背。为了使形状和色调尽可能逼真，座椅表面的材料用五种不同的纱线织成。逼真的效果与超大的尺寸形成反差，产生了强烈的视觉冲击。

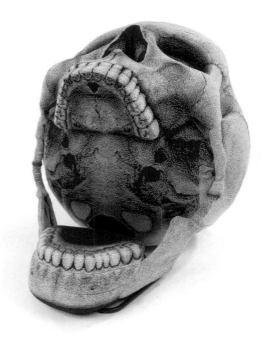

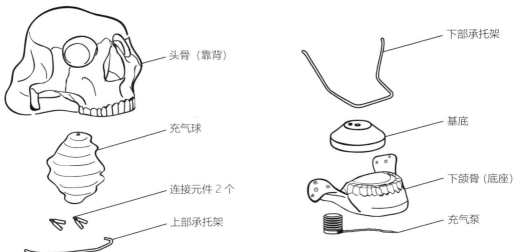

头骨（靠背）

充气球

连接元件 2 个

上部承托架

下部承托架

基底

下颌骨（底座）

充气泵

蝴蝶座椅

设计师　Santo & Jean Ya

这款椅子全面展现了帝王蝶翅膀纹路的视觉魅力，是一次对多种金属加工技术的探索。生产商使用铝合金材料和脱蜡铸造工艺，生产出的座椅轻盈耐用，且具有耐人寻味的有机造型。

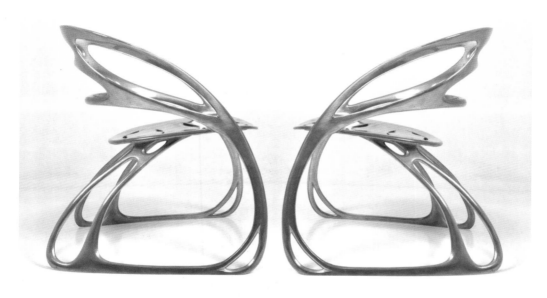

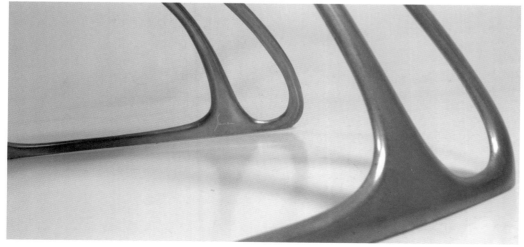

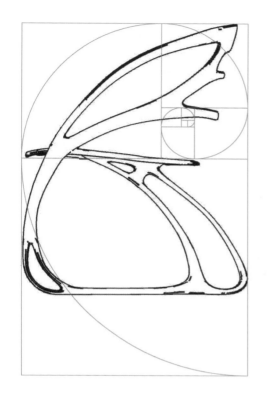
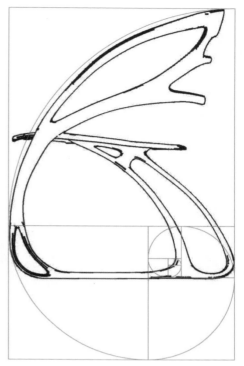

Skell 座椅

设计师 Mery von Bernard, Valentina Villa-Gómez

为纪念丹麦设计师 Hans J. Wegner 百年诞辰，两位设计师决定改造其经典作品贝壳椅（Shell Chair）。她们采用现代化的设计，用铁条来构造新椅子的骨架，并沿用原版的精髓部分——弧形胶合板。金属架上了一层静电除尘漆，木板则采用了环保染色。

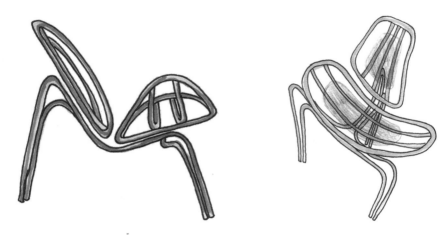

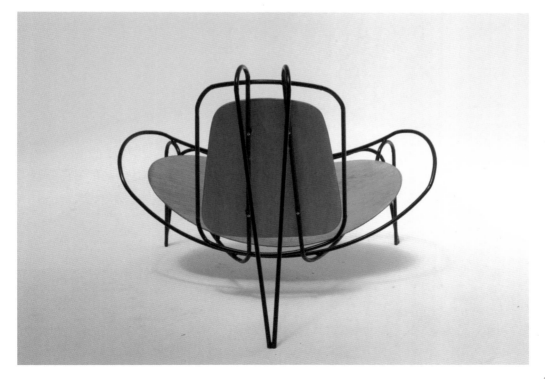

小雏菊折叠凳

设计师　Dominika Drezner

这是一款专为儿童设计的折叠凳，孩子们可以自由选择坐在垫子上或者凳子上。该产品从雏菊坐垫变成像鼓的凳子，具有很大的启发性和娱乐性，节省空间又方便携带，非常适用于学校。

毛绒绒动物小凳

工作室 kamina&C
设计师 Takeshi Sawada

这款小凳不只是一件家具，还是一种缓解疲劳的工具。设计师利用动物的安抚感，希望这一系列动物小凳能够给使用者带来身心的宁静，提高他们的幸福感。

黑皮动物座椅

设计师 Maximo Riera

该系列产品旨在体现每一种生命的自然美，同时也是为了表达设计师对动物王国的敬意。章鱼座椅是动物座椅系列的第一件作品，亦为之后的作品垫下了基石。座椅内部的不锈钢支架起到了承重和平衡的作用。

Bomers'nr. 2 落叶沙发

设计师　Jeroen Bomers

Bomers'nr. 2 是一款优雅的落叶造型沙发。手工弯曲的钢框架仿照真实的叶脉纹路制成，遵循其自然的特点和结构。"叶片"由特制的防震皮革做成，而"叶脉"用对比鲜明的颜色传达沙发的美感。

Abyss 海床茶几

工作室　Duffy London
设计师　Christopher Duffy

大海越深，颜色越深。基于此，设计师利用雕刻玻璃、有机玻璃和木材模仿海床。深浅堆叠的木板和玻璃使这张桌子仿若一张立体地质图，又似一幅海洋横截图。

无等山茶几和托盘

工作室　NOTHING DESIGN GROUP
设计师　Koo, Jin-woog

这款茶几和托盘是为韩国无等山国家公园设计的纪念品。设计师用透明的
亚克力雕刻了无等山的鸟瞰图。

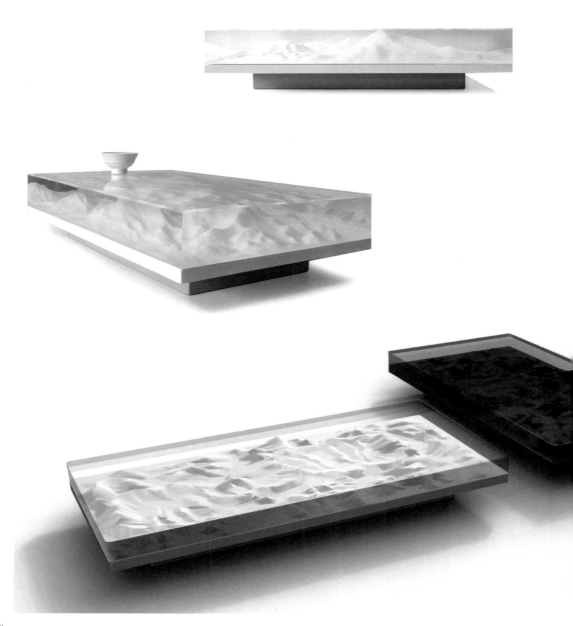

细胞茶几　设计师　Onur Ozkaya

这款茶几的底座采用了三层不同的细胞式结构，以求达到轻便的效果。这些结构是先用尼龙 3D 打印出来，然后手工制作完成的。其CAD 模型进行过多次改进，材料的厚度与纹样的运算也经过了多次调整，目的是用最少的材料获得最稳定的结构。

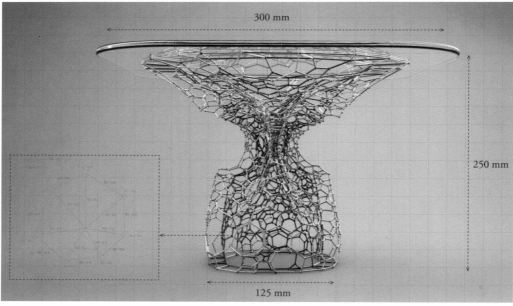

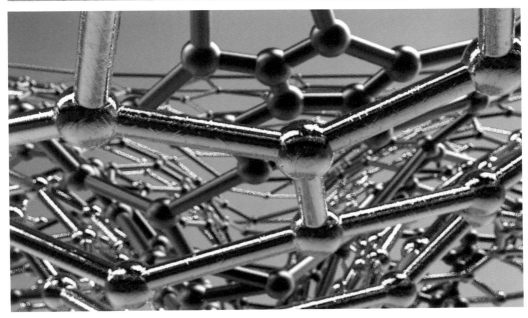

莲蓬防水扬声器

设计师 Lim Loren

这款产品可以让用户在听音乐的时候通过水感觉到音乐的节奏：浮在水面上的扬声器会跟着音乐的节拍振动，其强弱取决于音乐的频率。这款防水扬声器旨在增加用户与产品间的互动。

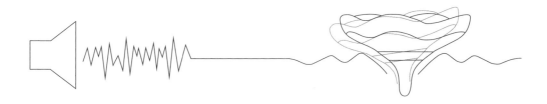

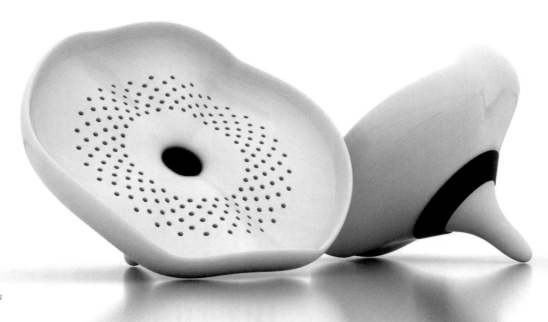

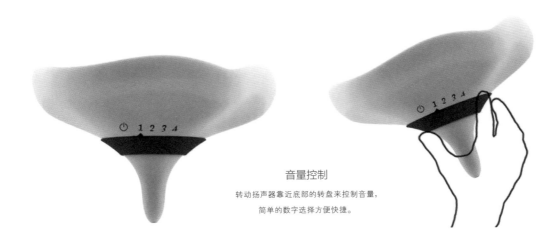

音量控制

转动扬声器靠近底部的转盘来控制音量，
简单的数字选择方便快捷。

内置技术

振动片马达

防水扬声器

苍蝇图钉

工作室　Suck UK
设计师　Funtastic Plastic

这个设计像是一个恶作剧，但其实它是一款实用的小图钉，也是一份很棒的礼物。

树叶挂钩

工作室　Suck UK
设计师　Hwa Jin, Jung

树叶挂钩可以为空白的墙壁增添一抹绿色。它们
可用来悬挂居家小物件，如钥匙、方巾和照片等。

Chip 曲别针收纳器

设计师 Rodrigo Torres

Chip 是一款镀铬合金曲别针收纳工具，它采用小鸟造型，内置的磁铁能让
曲别针轻易吸在上面，如同为小鸟添上翅膀。由于此产品有一定重量，也
可以用作镇纸。

Kastor 海狸铅笔刀

设计师 Rodrigo Torres

设计师对动物特征的长期研究为这款铅笔刀提供了精准的造型——一只海狸准备咬铅笔的形态。该产品是实心的，所以也是一个理想的镇纸。

Pyggy 猪脚钱罐

工作室 Bureau

设计师 Kai Yeo, Yasser Suratman, Edmund Seet

中世纪，人们会把钱存到一个用橙色陶土做成的罐子里，这种陶土叫作
pygg，与 pig（猪）同音，所以这款存钱罐名为 Pyggy。存钱罐的造型模
仿了真实大小的猪腿，为摔罐子提供了一种新奇有趣的方式。

豌豆荚冰盒

工作室　Suck UK
设计师　Alessandro Martorelli

这个豌豆荚冰盒做出来的球状冰块的融化速度比平常的方冰块要慢许多。
冰盒直立放置的设计能够防止水溢出，结冰后只需轻轻一按便能挤出冰块。

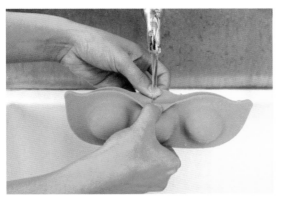

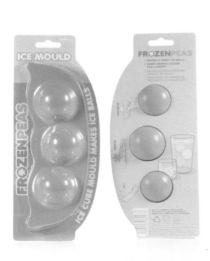

手臂自拍杆

设计师　Justin Crowe, Aric Snee

当下发达的网络科技让大家产生了一种随时都在"社交"的错觉，随之而来的自拍杆热潮更让设计师有所深思，于是这款有趣的手臂自拍杆诞生了。它由玻璃纤维制成，轻便易携带，用它拍出来的照片就像是你在拉着一个人的手。

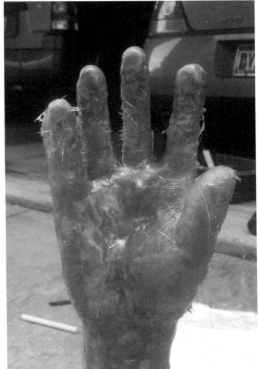

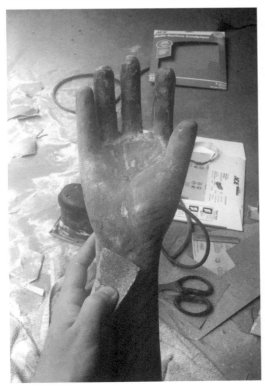

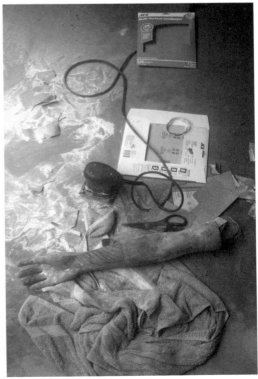

肌 理

产品设计中的材料应用对产品本身
的功能、造型、美学往往起到非常
关键的作用。在仿生产品设计中，对
自然材料的使用和对自然中肌理构
造的模仿是非常重要的一种方法，
它既有助于形态的表现，又增加了
产品的质感，同时一些特殊肌理构
造也起到了功能性的作用。

不同的肌理能够给人不同的心理感受，用
在不同的产品中，能够体现产品的品质和
内涵。本章将展示设计师在产品的形态和
质感上如何应用自然中的肌理。

"皮"椅

设计师　Studio 9191

这些座椅旨在探索复杂而微妙的皮肤质感，在使用者和产品之间建立一种奇妙的关系。硅胶是此产品的主要材料，因为它的质地最接近人类的皮肤。产品中添加的人体外激素和刮胡水使其散发着类似皮肤的气味。

1. 您选择材料和技术时会考虑什么因素？

>> 我需要先了解制造的技术和过程，最终材料和技术的选择是设计、实验和资源的自然结合。在设计过程中，提问题和反复思考非常重要，问问自己这些材料除了其原本的状态，还可以是什么样子的。这样你就能做出崭新的设计。

2. 这款产品是纯手工制作的吗？您在创作中都会特别注重纯手工制作吗？

>> 这个作品完全是手工制作的，我的其他作品也是。鉴于作品的性质，通过人类的视觉来诠释人类皮肤不规则的形态和纹理才是最合适的。对我来说，这是一个很个人的项目，而且这种私密的关系是很重要的。人类和人性是我设计的动力，这也反映在手工制作过程中。

3. 制作过程中遇到过什么困难吗？有没有想过放弃？

>> 尺寸！我总是会把东西的尺寸做得过大，然后很难改回去。幸好这次创作有人体比例作为指标。
我不曾想过放弃。困难和障碍是挑战的一部分，是制作过程的关键，障碍中往往隐藏着惊喜。

4. 您如何看待仿生产品设计的前景？

>> 人体是一个惊人的自然创举，它的所有特性都值得我们模仿。皮肤是人体最大的器官，起到感知、保护和调节体温的作用。能够复制皮肤或其他器官的性能是非常让人激动的，这吸引着设计师及其他领域的专家。

大自然"魔"凳

设计师 Marcel Pasternak

这个凳子的设计摒弃了计算机运算而得到的完美结构，因为这样的成品往往没有新意。设计师在自然中寻求结构，那种不可预知的形态必定会带来强大的视觉冲击力。疲于规律有序的图纹形状，设计师对菌类、根和病毒进行了研究，最后使用花椰菜进行硅胶铸模，创造了这件具有"魔性"的作品。

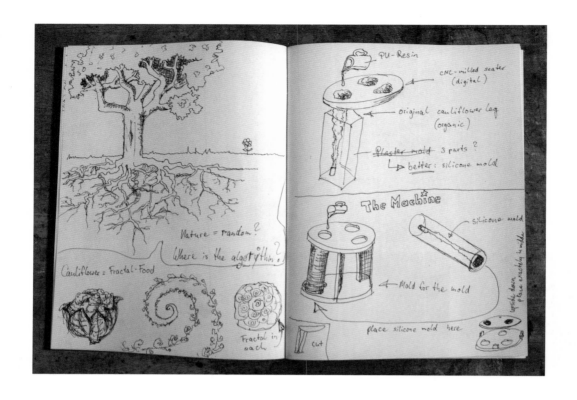

1. 您经常从自然中获取灵感吗？

>> 当然，自然是美妙的！我会花尽可能多的时间在自然中，它给我带来灵感和心理的平衡。我们可以通过观察和分析自然来解决很多问题。这正是我最近在做的新项目bionicTOYS 想要表达的。

2. 您在学校教仿生学时，是如何启发学生的？

>> 学生们应该学会从大自然中得到启发，不只是听我讲课，而是到树林中去探索大自然。同时，我们有很好的技术帮助我们深入了解复杂的生物世界。人们对大自然的了解还远远不够，在我看来，了解自然的第一步是陶醉在大自然中。

3. 这款产品是大量生产还是限量生产的？

>> 限量生产 20 个。

4. 最终产品符合您的预期吗？您认为这个创作项目最有意义的是什么？

>> 最终产品永远不会符合我的预期。它只是实现复杂想法的千种方法中的一种。我认为，想要传达这些想法，互动装置是更好的媒介。这个项目最有意义的地方在于通过截然不同的自然有机形态和数字科技形成的对比，得出这样戏剧化的作品外观。

5. 创作背后有什么有趣的事情？可以分享一下吗？

>> 我原来打算用宝塔状的罗马花椰菜而不是普通花椰菜来做模具，直到有个朋友给我看了用编码运算模拟的对比效果才改变主意。这就是我不能将它与完美的圆形对比的原因。我现在很满意这个凳子"丑陋奇怪"的样子。

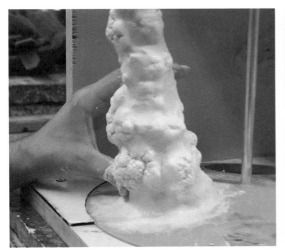

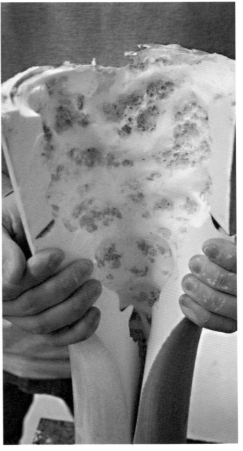

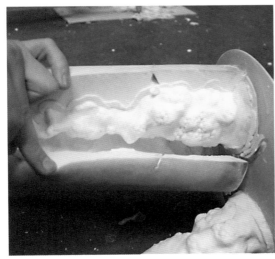

能量凳

设计师 Marcel Pasternak

该产品的设计灵感源于艺术家 Joseph Beuys 的生态循环理念，设计师用蜂蜡代替模具蜡，以增加脱蜡铸造中的能量。锃亮的青铜座面有着蜂窝状的肌理，表达了设计师对辛勤的蜜蜂的赞颂，设计师相信，能量在人与自然、生物之间传递不息。

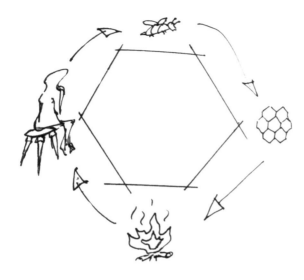

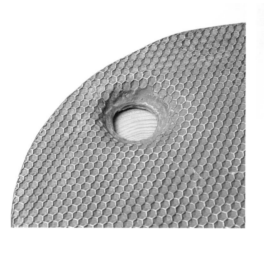

冰川长桌

设计师 Zaha Hadid

这张冰川形态的桌子将复杂的表面加工工艺和折射原理相结合，生动展现了水的流动力量。微妙的波纹与涟漪纹理把平整的桌面变成流动的水面，桌腿仿佛是水面上倾注而下的一个个巨大旋涡。透明的亚克力增强了整个作品的表现力，呈现出水在光照下千变万化的特性。

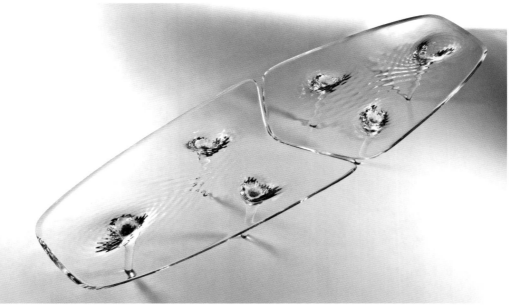

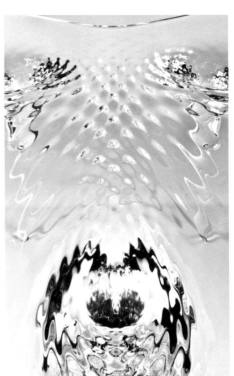

石头泡沫凳

设计师　Matthijs Kok

这款凳子看似坚硬，实则出乎意料的柔软。基于对聚氨酯材料的研究，设计师研发了一种石头泡沫，在铸造期间，这种混合材料会在硅胶模具内膨胀 16 倍。加入的黏土颗粒形成了石头的质感。另外，为达到更自然的效果，设计师增加了灰度，添加了黏土的纹理和色素，让泡沫呈现出原始的质感。

Basalt 焦黑咖啡桌

工作室 Normal Studio

这五张被烤焦的咖啡桌是由一段橡树树干加工而成的。设计师先对树干进行切割，只保留有年轮的高质量心材（指木材中心的部分，其质地较硬，颜色较深），随后手工雕刻并用喷灯对其进行烘烤。最后这一步赋予了产品一种矿物质感，微妙地揭示了木材的本质。

岩石座椅

工作室 Jishnuram C. A.

这是为一家以石器时代为主题的餐厅设计的座椅，设计师的灵感来自石器时代的洞穴和石头工具。它由一个铁制骨架和水泥制成，黑色氧化物的使用加强了它岩石般外观的视觉效果。这款座椅适合放置在花园或其他开放空间。

Lentill 扁豆木凳

工作室 Monomoka

设计师 Katarzyna Gwiazdowska, Monika Gwiazdowska

这张座椅的坐垫由 186 个扁豆似的棉线团组成，这些棉线团是用钩针编织而成的。最后用金属环将棉线团固定在木质凳子上。

蜂房座椅

工作室　Monomoka
设计师　Katarzyna Gwiazdowska, Monika Gwiazdowska

这款蜂房座椅采用亚麻材料，用钩针编织而成，前后耗时几个月。这一设
计结合传统编织技术和现代形式，每一件产品都独一无二。

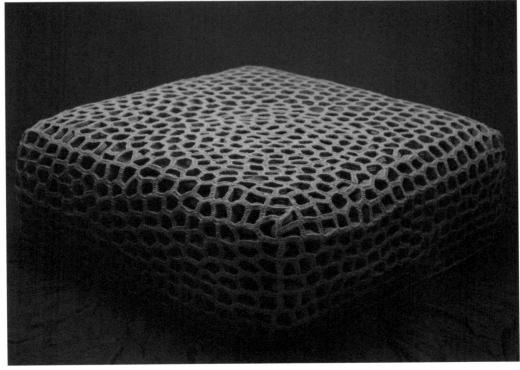

黑海浮雕长桌

设计师 Damien Gernay

在这一系列长桌的设计中，设计师捕捉了大海的一瞬间，将其转化为我们日常生活中的元素。为了实现这一效果，设计师研发了一种新技术：皮革浮雕。制作时先采用 3D 建模，然后用膨胀树脂压印皮革。

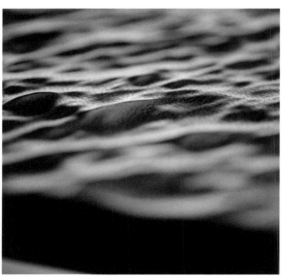

大理石凳

设计师　Davide-Giulio Aquini

在这款大理石凳的设计中，设计师使用了创新材料，并且结合了可持续发展的概念。胶合板凳子上的坐垫由回收材料制成，这种材料就是通常用于隔音的聚亚安酯和聚乙烯。有着大理石质感的坐垫让人以为它十分坚硬，坐下去才发现它原来非常柔软舒适。

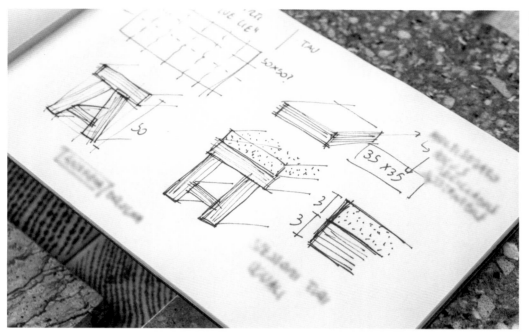

鹅卵石坐垫

工作室 Smarin

这款超现实的地板坐垫就像是一堆超大尺寸的鹅卵石，其形状、尺寸不一，用户可以任意搭配。设计师希望通过这款设计为现代室内环境增加自然的元素，为人们提供一个可以安心休憩的小天地。

Di Corte 原木椅

工作室　Resign
设计师　Andrea Magnani, Giovanni Delvecchio, Elisabetta Amatori

这款木椅再现了树木最初的外壳——树皮。设计师按照不同的类型收集和选择树皮，然后用胶水将其逐片粘到椅子上，以再现树木表皮的肌理。

Confluence 景观茶盘

设计师 Artonomos

Confluence 是一款用桦木雕刻的茶盘。层层堆叠的木板和深浅色交替的接缝，让作品看起来就像是连绵起伏的地形结构。茶盘上可以放六个小茶杯。溢出的茶水自然汇集到中间的"洼地"，形成一个小型"湖泊"。

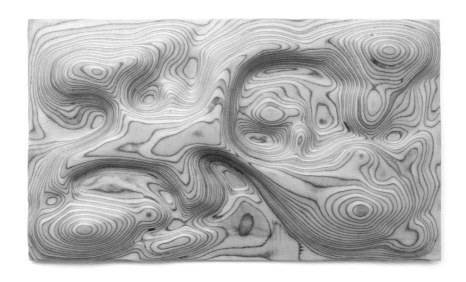

丝胶皮质家具

设计师 Marlène Huissoud

蚕茧纤维中含有一种叫丝胶的天然黏合剂，正是丝胶这种脂质把丝纤维紧紧连在一起。丝胶能够通过洒水和加热纤维被激活，形成一种强韧的纸质材料。为了增强其韧性及改变其形态，设计师加入了黑色蜂胶，最后得到了一种皮质材料。设计师将其应用到了灯具、橱柜和地毯等产品的制造上。

Terroir 海藻家具

设计师　Jonas Edvard, Nikolaj Steenfatt

此项目的座椅和灯具皆用深褐色海藻和再生纸做成。深褐色的海藻含有大量的
天然藻酸盐，可以使材料稳定，并赋予其深褐色的颜色。世界各地都有海藻，
可食用，也可用作肥料或食品稳定剂。海藻产品除了是一种可再生资源，还可
100% 回收利用，或分解后用作其他生物的肥料。

肌
理

139

光杯

工作室　NOTHING DESIGN GROUP

这款光杯由半透明的白色陶瓷制成，除了可以喝茶用，杯子倒置在 LED 茶托上就成了一个雅致的灯罩。杯身巧妙的厚度变化使灯光在杯身上呈现出了一幅惟妙惟肖的水墨山水画。

Sponge 海绵灯

工作室　Pott

设计师　Miguel Ángel García Belmonte

这盏海绵灯是 Sponge 系列灯具中的第一个作品，是传统陶器技术和天然
材料相结合的现代设计。它有三种不同的尺寸，均为大地色色调。温暖柔
和的灯光透过球体的孔面，营造出独特宁静的氛围。

SpongeUp! 海绵灯

工作室　Pott

设计师　Miguel Ángel García Belmonte

这款吊灯是 Sponge 系列灯具中的一款。它保留了传统手作工艺，并结合当代的照明装置设计。海绵状的表面让投射出来的灯光宛若美妙的星空。白天，在没有点亮的状态下，这款磨砂大地色的灯也极具装饰性。

SpongeOh! 海绵灯

工作室　Pott
设计师　Miguel Ángel García Belmonte

这款陶瓷吊灯是 Sponge 系列灯具中的收尾作品，也是手工制作而成的。典型的光滑陶面与海绵状的多孔表面结合在一起，形成了鲜明的对比，给整个照明氛围创造了独特的质感。

Stripped 树枝灯

设计师 Floris Wubben

为了尽可能保留树枝的自然形态，Stripped 灯仅用一根树枝制成，底部被切分为三部分作为灯脚。树皮被完整地刮下来并旋转形成一个灯罩。树枝的每一部分都被赋予了新的功能，又保留了其自然而特殊的肌理。

月光灯

设计师　Marjan van Aubel

这款月光灯由自主研发的陶瓷泡沫制成，该材料是一种轻质瓷，在窑内可膨胀到 300%。该设计探索了材料的审美价值，灯罩表面粗糙，使光线变得柔和。这块透着柔光的泡沫般的陶瓷灯罩，让人不禁联想起坑坑洼洼的月球表面。

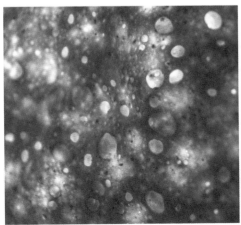

Myx 菌丝灯

设计师 Jonas Edvard

这个项目研发了一种蘑菇菌丝材料，并用其制作了灯具。设计师回收蘑菇微生物，然后把它和大麻纤维混合在一起，经过 2 到 3 周就会形成一种柔软的布料似的材料。之后再用 2 到 3 周时间用模具把材料做成灯（或其他产品），这时候材料就会长出丰富的菌菇。脱水后，灯具质地轻盈，又具有防火性能。

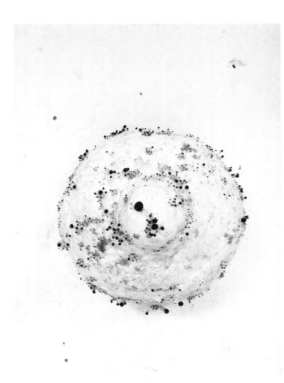

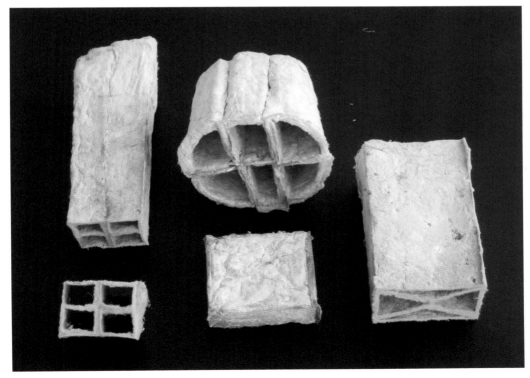

海藻灯

设计师 Nir Meiri

设计师受大海的启发，用比较新颖的方法对海藻进行加工，然后用来制作灯罩。设计师将这组灯具应用到室内空间，力图在艺术与商业之间获得平衡。设计师把新鲜的海藻放在金属线上，当它缩水变干时，就有了灯罩的形状。该作品还使用了防腐材料。光线透过海藻，给人一种置身于海底的感觉。

藤壶瓷器

工作室　Something Like This Design
设计师　Trygve Faste, Jessica Swanson

这个项目把藤壶这种惹人讨厌的生物应用到了陶瓷设计中。这些组合型瓷器能够拆开，将其放到海里让藤壶在上面生长，就可以形成特别的陶瓷肌理。设计师还研究了藤壶生长的条件，并参考了航海设备的美学形式。

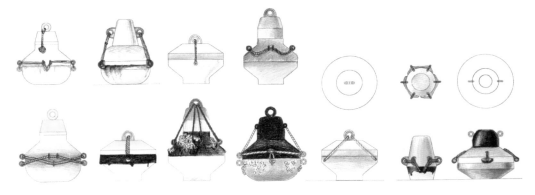

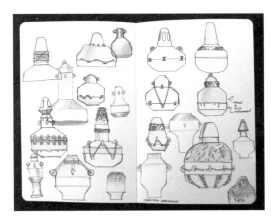

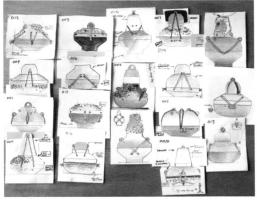

"水果"容器

工作室　Mathery Studio

这些容器巧用水果皮的纹理，妙趣横生，其中有橙子罐、鳄梨花瓶、香蕉碗、甜瓜杯垫和菠萝碗等。每件产品都用了相应的水果果皮来铸树脂模具，这些水果全部经过了精心挑选，并被切成不同的几何形状。

瓜果瓢盘

工作室　mischer' traxler

设计师通过浇铸工艺复制了水果、蔬菜和树叶的肌理，然后转印到食品级的防水树脂上，进行半手工半工业生产，最终得到了这一系列碗碟作品。

Graft 生物塑料餐具

设计师 Qiyun Deng

Graft 是一系列由生物塑料 PLA 制成的一次性餐具。大自然中的纹理和形态均可加以利用。在这些设计中，芹菜的茎用作了勺柄和叉柄，洋蓟的瓣用作了勺子背……虽然是一次性餐具，如此特别的视觉与触感却让人不舍得丢弃。

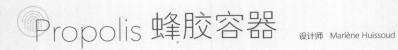

Propolis 蜂胶容器　设计师　Marlène Huissoud

这组雕刻容器采用设计师自主研发的玻璃技术和可降解的天然蜂胶制作而成。蜂胶之所以呈黑色，是因为使用了橡胶树作为植物源。

Shiro-Satsuma cs003 陶碗

工作室 nendo

这款四件套的碗为日本白色萨摩烧陶器。为了使颜色和形状更接近鸡蛋，器皿的白底上了珐琅釉。陶瓷和珐琅釉受热的收缩率不一致，形成了碗内的龟裂纹效果。在裂纹处添加的染料扩散，形成深浅不一的颜色，产生了一种黑色从白色表面渗出的效果。

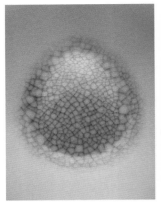

Idream 涟漪香薰器

设计师　Martín Azúa

这是一款手机造型的香薰器，上面的小孔供放置檀木精油。香薰器可以随意摆在被子或者枕头下面，有助于缓解压力，使人轻松入眠。香薰器表面的波纹寓意思绪在精油中渐渐消融。

Diatom 细胞头盔

工作室　Paula Studio
设计师　V. Ciampicacigli, S. Bartolucci

设计师受硅藻细胞结构的启发设计出该作品，旨在通过减轻重量和增强耐用性来提高头盔的性能。头盔由三层肋状材料组成：ABS、D30和氯丁胶。网格结构便于排汗，且有助于减轻撞击带来的伤害。

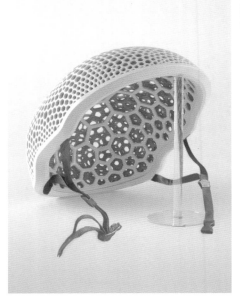

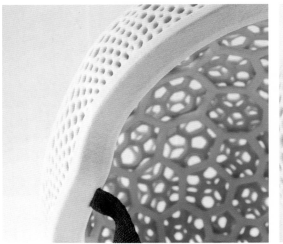

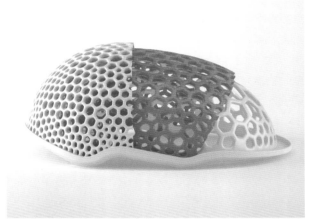

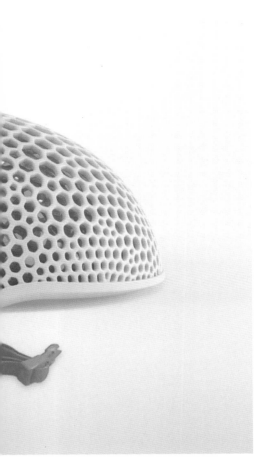

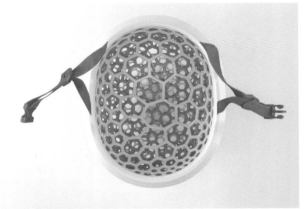

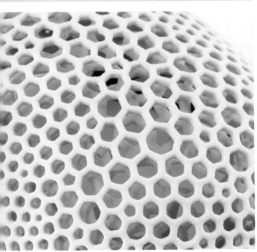

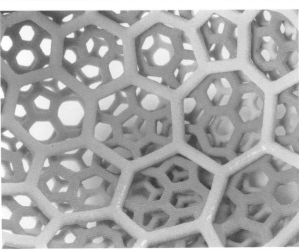

大理石音乐播放器

设计师 Daniel Chua

从设计和制作角度来看，这款大理石触屏音乐播放器可视为一件精致的艺术品。其几何体的基本造型与不规则的表面相结合，颠覆了传统的设计美学。尽管大理石是一种相当普遍的材料，尤其在室内及家具行业，大理石的运用十分常见，但设计师希望通过产品设计把这种材料带到另一个领域。

Roots 真皮包包

设计师 Konstantin Kofta

在这一系列手袋和背包的设计中，设计师尝试用真皮模仿自然中的特殊肌理，
从而为这个信息爆炸的时代提供一个可供思考的空间，提醒人们回归自然。

草地地毯

设计师 Alexandra Kehayoglou

这些地毯是用从纺织工厂回收的材料制成的，每一件都由设计师用针刺机手工制作。由于所花费的时间和精力较多而且对技术精度要求较高，整个制作过程复杂又漫长。这些作品表现的是设计师看过的自然景色，她希望通过自己的方式把它们记录下来。

功能

产品的功能性即实用性，是仿生设计的最高使命，
也是最低目标。功能仿生设计是根据生物系统的某
些优异特性来捕捉设计灵感的，通过技术上的模拟，
使产品拥有更优越的性能，从而最大限度地满足人
类对美观与实用的双重需求。

本章将展示设计师在观察
和改进中设计出的源于自然
生物功能特点的优秀产品。

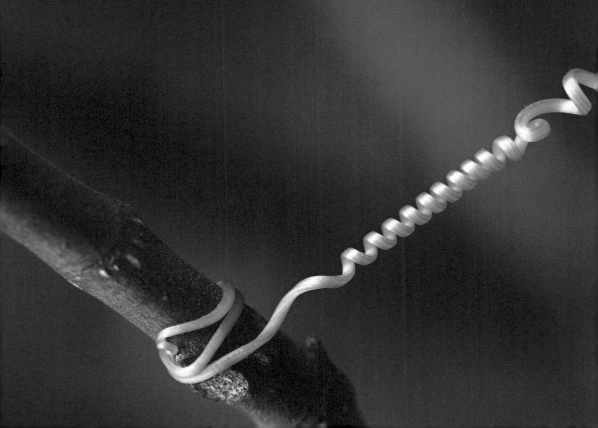

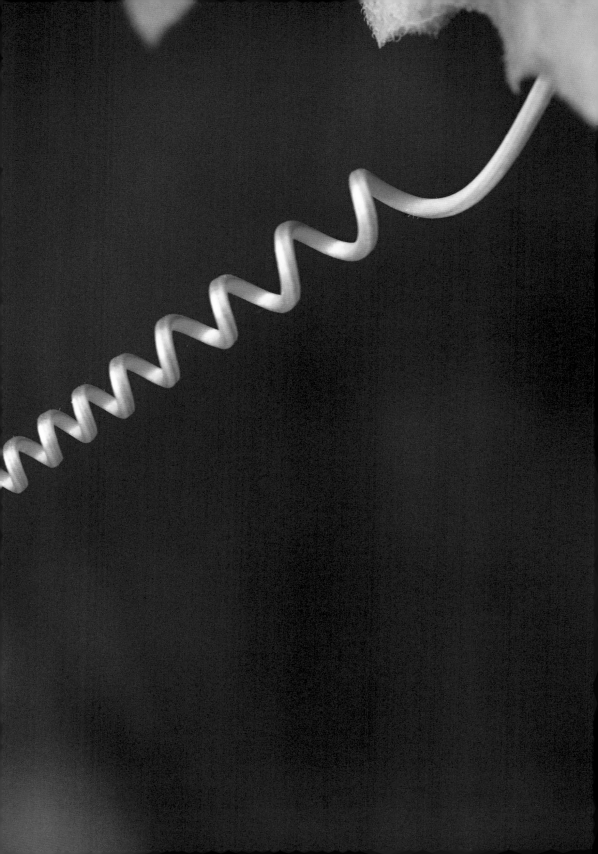

Setu 人体工学转椅

工作室　Studio 7.5

这款人体工学转椅中，一对可弯曲的横梁套着柔韧的薄膜，能灵活调整承载结构。通过把一种二元聚合物引入经典的网膜座椅结构，侧边支架形成了能适应不同人体形态的可变化的结构。如此一体化的设计和柔软而弯曲的特性让人联想到大自然中常见的运动状态。此外，带着"人造"标签的塑料材料在这里凸显了其独有的"真实"价值。

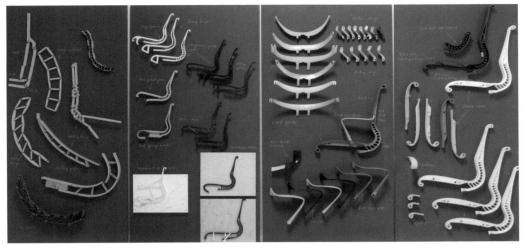

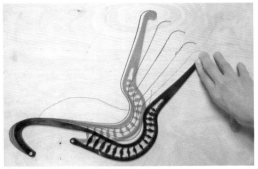

1.您认为要做出一个好的座椅设计应该考虑到哪些方面?

>> 第一,椅子有着一种传达文化和审美价值的特质,几乎每个建筑师和设计师都觉得有必要通过设计一张椅子来表达自己的想法。第二,椅子是一种可以让人暂时忘记地心引力而去专注于其他事情的工具。最后,背痛已经成为现代社会人们的一大健康问题,许多人都会坐在电脑前长时间地工作。在我们看来,设计一把好椅子并不是设计一个静态的物件,而是设计一个可以适应坐姿变化、承载健康的工具。

2.这个项目中融入了人体工学和仿生学,谈谈您对仿生设计的看法吧。

>> 我们不认为人造环境和大自然之间的构建原理有很大的差别。可以说,这两个体系都需要承受重力并遵循其他物理定律,这些界定了物体的功能性结构条件。所以,我们的产品看起来仿生,然而它并不是很仿生,而是借助一些物理定律来制造可以灵活适应人体的结构。我们希望这一产品既节省材料,又能保持结构的完整性。

3.您选择材料时会考虑什么因素?

>> 我们相信通过几何学可以解决许多材料的问题。例如,你可以通过调整几何形状来改变材料的硬度。当下很多材料都有着不同的形态,如泡沫、纤维等,这些都可以根据产品的结构需要进行组合,而且可回收利用。我们尽可能选用可回收利用的常见材料,让产品可以轻松组装和拆卸。

Rostrum 鸟喙餐具

设计师　Bojan Kanlic

该项目的核心概念基于仿生学，设计师把在自然界中发现的生物特征和系统与现代技术相结合，并应用到设计中。鸟喙进食的方式引起了设计师的强烈兴趣，于是设计师针对餐具的必备功能，把这一想法运用到餐具设计中。

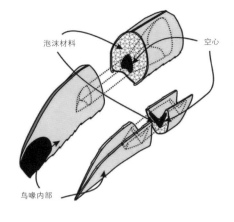

泡沫材料　空心

鸟喙内部

1. 当下人们更倾向于功能与美学相结合的产品，您如何看待这一趋势？

>> 美学是一种情感功能，是任何一个优秀设计不可或缺的元素。反观历史，单纯追求产品的功能性或美观性，但最后连这些单一目标都实现不了的例子比比皆是。追求产品的功能性和美观性并没什么不对。

2. 谈谈您对仿生设计的看法吧。

>> 如果我们继续用传统的方法、材料和体系进行设计，在设计方面将难有创新和突破。尽管新技术在不断出现，仿生学却是最具启发性的研究领域之一。自然的元素、模型和系统适用于设计的所有方面，一定能改善人们生活的方方面面，所以我认为仿生是设计的未来。

3. 您创作的时候会考虑哪些方面？

>> 设计过程是复杂的，有很多事情需要考虑，但对我来说，重要的是一件产品必须有一个强烈的想法或者一个概念、信息作为支撑，引发人们思考。设计不仅是功能性的，还应该尝试改变人们的观念，给社会带来有益影响。我们被不同的设计所包围，它们决定了我们的生活方式。因此，设计师应该利用设计的这种力量来提高人们的生活质量，而不应只是为个人目的而创造产品。

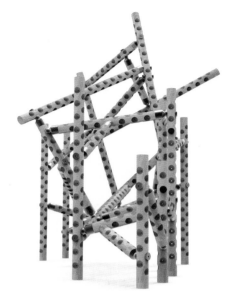

Link 分子式组装家具

设计师 Christian Sjöström

该作品的设计灵感源于分子结构和重复的元素。木棍和球状接头的组合使各个
部件可灵活连接，自由组装，而白蜡木和铝的组合则赋予了产品独特的外观。

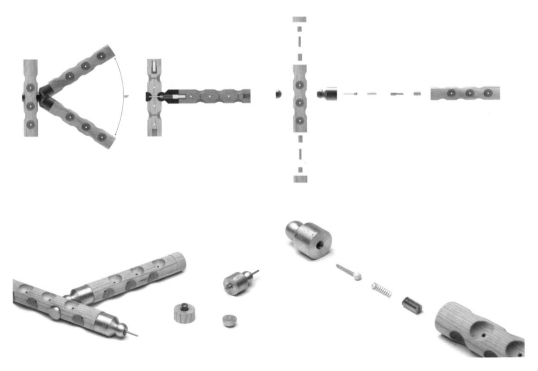

1. 您如何看待当下人们更倾向于功能与美学相结合的产品?

>> 这很自然。在使用一个产品时,我们很容易去考虑它是否富有内涵和较高的灵敏度,是否符合功能和审美需求。虽然我觉得有时很难定义功能,而且审美又是主观的,但我还是看到了很多漂亮却连最基本的功能也没有实现的产品,比如有的茶壶倒水时会漏出水来。一个产品应该引起人们的好感,这就是要在功能和美学特性中找到一个平衡点的原因。

2. 谈谈您对仿生设计的看法吧。

>> 在生命万物中寻找灵感很有帮助,这能使我们得到相当有趣的外观效果,而深入的了解更能解决许多日常问题。有的建筑师和设计师专注于这方面的设计,比如,他们会构建根据湿度和亮度变化的优质环境,或者像甲壳虫那样会获取水分。

3. 您创作的时候会考虑哪些方面?

>> 作为一个设计师,我认为我有责任在尊重人和自然的前提下开发产品。在整个设计过程中,我会尽我所能创造好的产品,注重功能性、可持续性和实用性。对我来说更重要的是,我所开发的产品能解决问题或使生活更便利。每一个产品的设计过程都是不同的,但在每一个项目中,我都要问很多问题,观察并研究人的行为,对技术和材料进行调查和实验,始终保持好奇心和开放的心态。

响尾蛇咖啡机

设计师 Mukesh Kumar

这台新型咖啡机表达了设计师对咖啡和毒液的有趣联想，巧妙运用了响尾蛇的有机形态。品牌标识的设计灵感来源于有着几何形态的蛇鳞，呼应了咖啡机的主题。

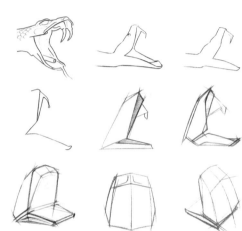

丝网沙发

设计师　Janne Kyttanen

这张 3D 打印而成的沙发大约有 6000 个网格，沙发整体尺寸为 150 厘米 ×75 厘米 × 55 厘米，自重 2.5 千克，却可以支撑高达 100 千克的重量。沙发强大的承重能力要归功于其独特的菱形结构，该结构是设计师观察蚕茧和蜘蛛网结构后设计出来的。

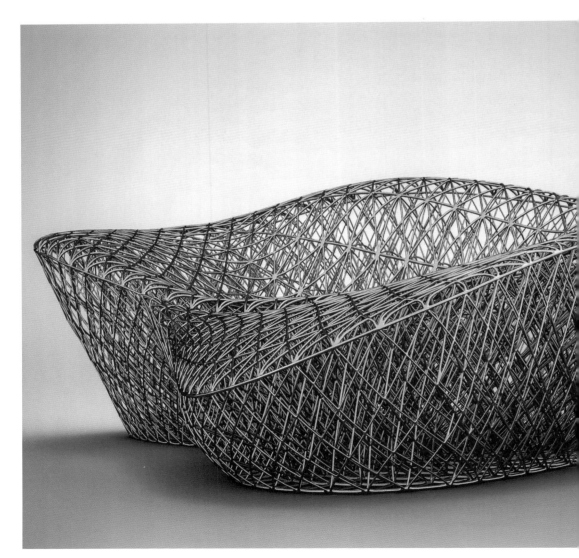

功

能

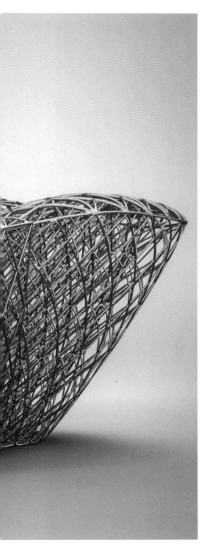

Vertebrae 脊椎楼梯

设计师 Andrew Lee McConnell

"脊椎骨"是这个仿生结构的唯一组件。其外表面由多层耐用的复合纤维组成，内层则是关键的结构元素。成对的脊椎骨组件通过钢制配件连接起来，并用钢钉进行固定，组装完成后便是一个螺旋式的阶梯。里面的结构泡沫和钢条架保证了它的稳固性。

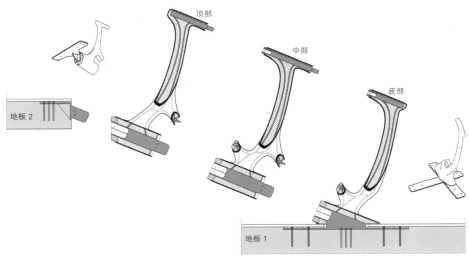

顶部

中部

底部

地板 2

地板 1

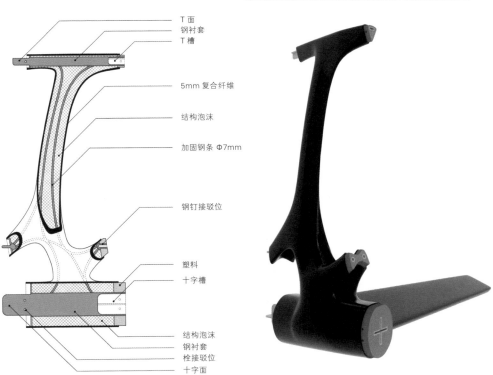

T 面
钢衬套
T 槽

5mm 复合纤维

结构泡沫

加固钢条 Φ7mm

钢钉接驳位

塑料
十字槽

结构泡沫
钢衬套
栓接驳位
十字面

太空床

设计师　Natalia Rumyantseva

这张像太空舱的床给人一种置身星空的感觉，内置扬声器、香薰装置和 LED 灯，从视觉、听觉、嗅觉和触觉四个方面让人的身心得到放松。床垫上配了一个特制的倾斜装置，用户可以根据需要自行调整。

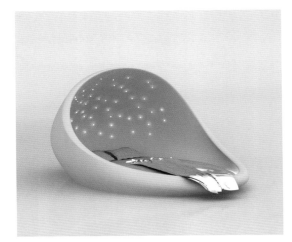

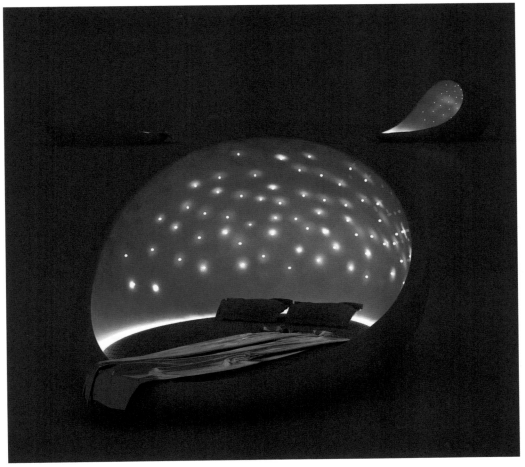

Cirrata 水母灯

设计师　Markus Johansson

就像水母在黑暗中照亮海底，Cirrata 灯在黑暗中点亮人类的居住空间。设
计师同时尝试通过该产品发掘可丽耐这一材料更大的潜能。

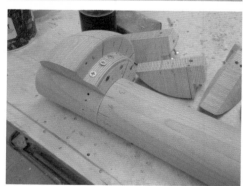

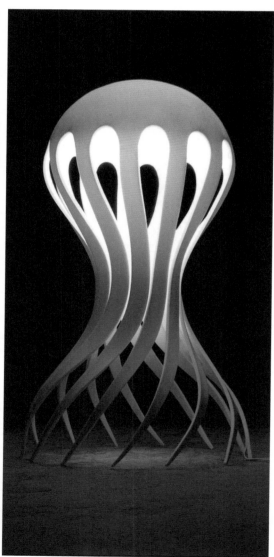

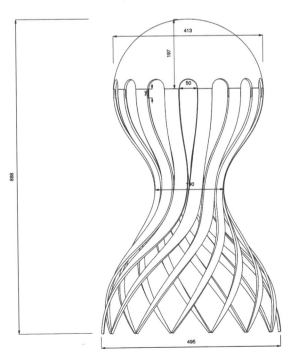

单位：mm

195

Luna 月球灯

工作室 Acorn Art Studio

Luna 旨在打破传统装潢的条条框框，充分挖掘空间的创意潜能。这个月球灯主要由玻璃纤维和无毒乳胶纯手工制成，有七种不同尺寸。它们的光照度为 1~5 lux。每盏灯都配有一根用来悬挂的绳子和一个调节亮度的装置。

树枝阴离子台灯

工作室 Design-Pie

这款树枝形的台灯能够应对室内空气污染和电脑辐射问题。"树枝"上的
"树叶"内嵌有触摸感应装置，便于调控光度。这款台灯在提供光源的同时，
还可以产生 500 万个阴离子来净化空气，减少人体所受的电子辐射。

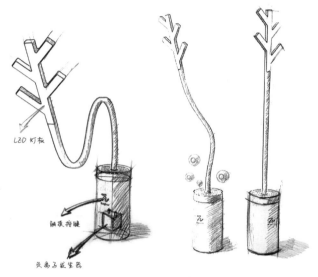

光流

设计师 Lisa Dudley

这是一个特殊的照明装置，其设计灵感源自山洞里会出现的光束。屋顶的抛物面反射镜把阳光收集起来，接着传输到光纤管末端，光沿着光纤管通过天花板的隐蔽装置进入室内，最后打在一个凸面透明圆盘上。通过这些被放大的光点，可以观察到外面自然环境的变化。

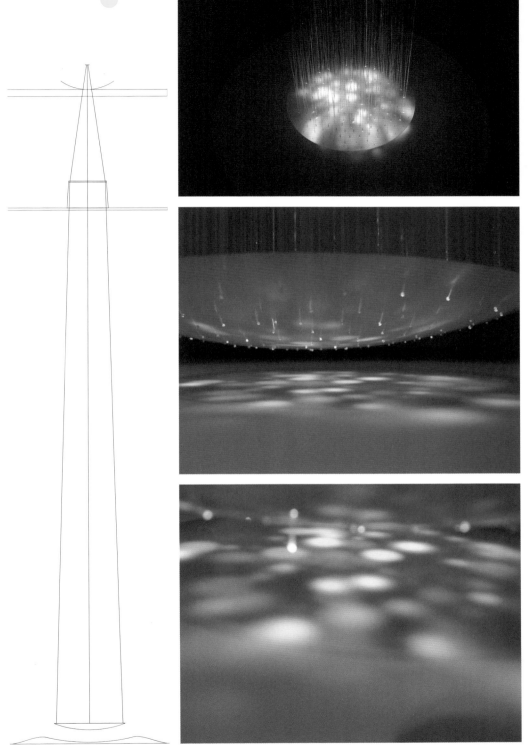

鱼鳞瓷砖

工作室　MUT Design
设计师　Alberto Sánchez

这个系列的墙壁瓷砖模拟了水下闪闪发光的游鱼所产生的微妙动感。以不同方式排列的瓷砖有着不同的厚度，模仿鱼鳞的覆瓦结构。瓷砖边缘的荧光色反射到白色砖面上，仿佛具有动态的视觉效果。

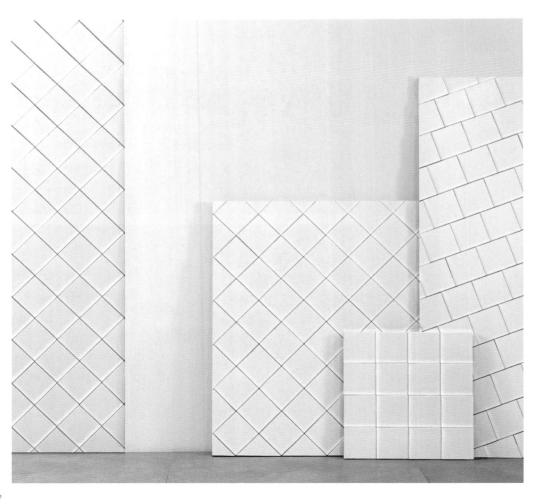

致 谢

善本在此诚挚感谢所有参与本书编写与出版的公司与个人，该书得以顺利出版并与各位读者见面，有赖于这些贡献者的配合与协作。感谢所有为该专案提出宝贵意见并倾力协助的专业人士及制作商等贡献者。还有许多曾对本书编写鼎力相助的朋友，未能逐一标明与鸣谢，深表遗憾，善本衷心感谢诸位长久以来的支持与厚爱。

投 稿

如果您有兴趣参与善本的出版，请把您的作品集或个人主页发送到editor01@sendpoints.cn。